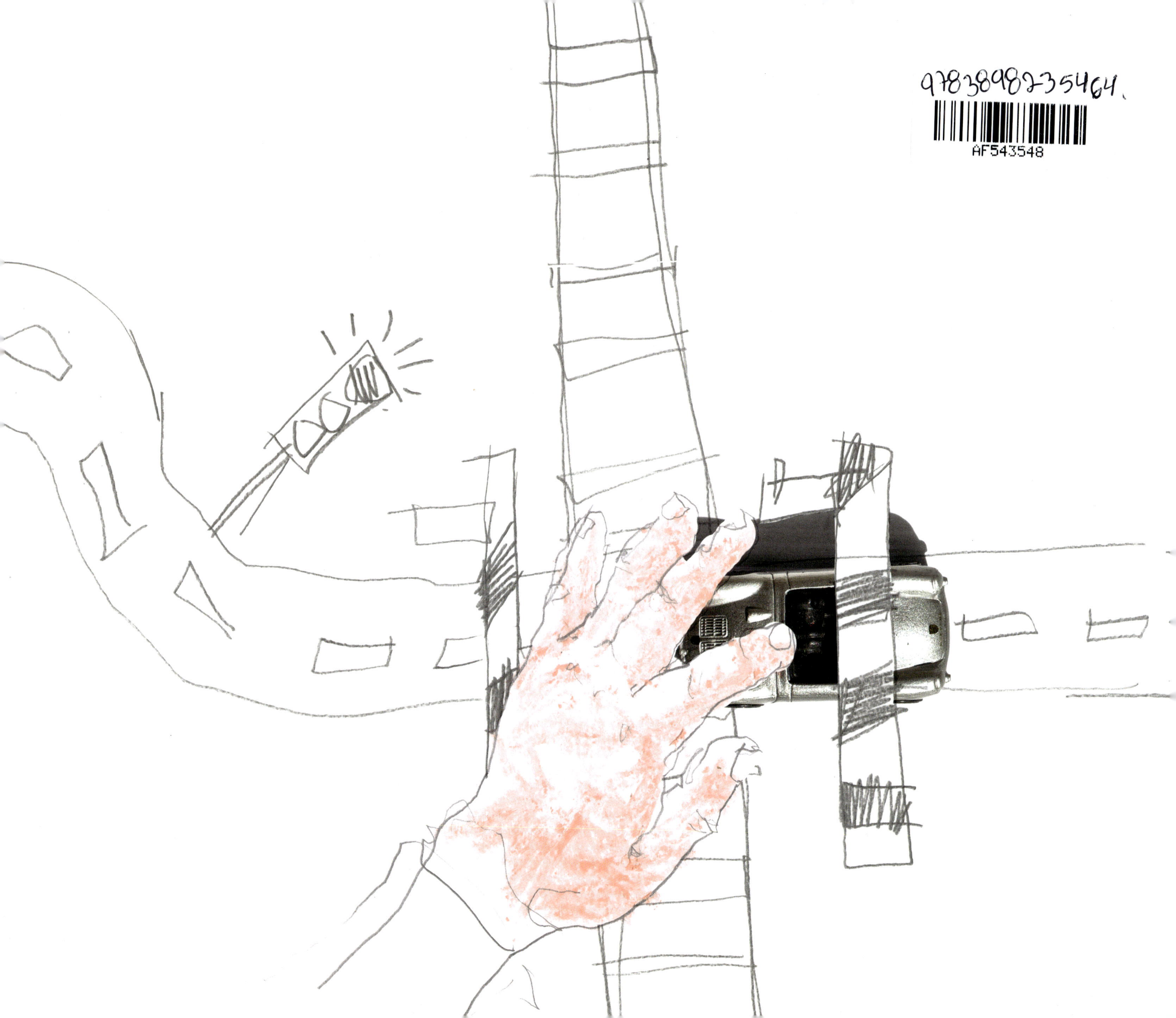
9783898235464.
AF543548

für meine beiden Rabauken Niklas und Henri

KINDERZIMMERHELDEN

DAS PORSCHE BUCH

CHRISTIAN BLANCK

KINDERZIMMERHELDEN

DAS PORSCHE BUCH

EDITION PORSCHE MUSEUM

EDITIONPANORAMA

WIR BAUEN AUTOS,
DIE KEINER BRAUCHT,
ABER JEDER HABEN WILL!

Ferdinand Porsche

Eine Einleitung von Christian Blanck

6

TURBOS UND TARGAS, SPEEDSTER UND SPYDER ...

Was passieren kann, wenn ein Vater eines sehr frühen sonntagmorgens von seinem kleinen Sohn geweckt wird, um mit Autos zu spielen? Aus dem Spiel wird eine Idee, aus der Idee ein Buch, und das Buch begeistert groß und klein: die Kinderzimmerhelden. Nach dem großen Erfolg des Erstlings, machen die Kinderzimmerhelden jetzt Station in Zuffenhausen. „Verrückt!", sagt der Fotograf und Autor. „Wirklich verrückt!" Und doch ganz real.

Den Autos fehlen Türen, die Farbe blättert ab, sie haben Beulen, sind verkratzt und erinnern allesamt an Zeiten, in denen man Stunde um Stunde selbstvergessen im Spiel versinken konnte. Blicken wir unseren Helden tief in die Scheinwerfer, glauben wir sogar, ein leises Vrooooaaam, ein *Quietsch* oder *Tatütata* zu hören – Heldentöne, die man nie vergisst.

Turbo und Targa. Speedster und Spyder. Transaxle-Helden. Renner aus Le Mans und von der Nordschleife. Der hier versammelte Autosalon zeigt die ganze Bandbreite der Kinderzimmerhelden aus Zuffenhausen – und was haben wir diese Helden geliebt! Ich habe mich ihretwegen sogar mit wirklich besten Freunden geprügelt: Der Targa gehörte schließlich mir – sonst niemanden. Und wenn ich es mal verpasst hatte, ihn rechtzeitig beim Autoverteilen zu wählen, kam eben Stress auf im Kinderzimmer …

Heute wählen wir unsere Autos zum Spielen wie früher im Uhrzeigersinn. Der Targa ist auch noch da, aber als reifer Papa weiß ich mich inzwischen zu beherrschen, beobachte jedoch mit einem Schmunzeln, wenn meine beiden Söhne sich um meinen Liebling von damals balgen … Da gehe ich kurz raus in die Küche, trinke einen Kaffee und zehn Minuten später geht's – nachdem alle Tränen getrocknet sind – endlich los. Auto spielen. Mit den Helden aus Zuffenhausen.

Vroooom!

Porsche 911 Speedster, Maisto, 2010 · Boot, Siku, 1982

Herzlich Willkommen, heute Tag der offenen Tür!

Porsche 911 Targa, Siku, 1980

SIKU
SIKU

12

MEIN ERSTER PORSCHE – TEIL 1 „Was war Dein erster Porsche?“ Mein erster Porsche war dieser Polizeirenner aus Zuffenhausen. Mein Held. Immer dabei. Im Bett. Beim Essen. Beim Zähneputzen. Ein echter Kumpel, der erst in diesem Jahr seinen Dornröschenschlaf beendet hat. Über 30 Jahre haben wir uns nicht mehr gesehen. Meine Mutter hat ihn wieder gefunden. Und als wir uns dann wieder trafen, war es wie damals: echte Liebe. Er ist mein erster Porsche. Den vergesse ich nie.

Porsche 911 Polizei, Jimson, 1978 · Porsche 911 Turbo, Siku, 1979

POLIZEI
POLIZEI
POLIZEI
LOVE
LOVE

14 **Porsche Cayenne** · Matchbox Dinky, 2010

Cayenne turbo
turbo

16 **Porsche 911** · Herstellername und Jahresangaben kaputtgespielt

18 **Porsche 917** · Super Champion, 70er Jahre

GOODYEAR
23
PORSCHE
BOSCH

20 **Porsche 928** · Siku, 1983

SIKU
SIKU
SIKU

LACK AB? NEIN! LACK RAN! Schnell war er immer ab, der Lack, und Smart Repair gab es damals nicht. Also blieb allein die Reparatur mit der Brechstange. Was hieß: Edding. Glanzlack zum Schütteln! Da waren verschmierte Hände und versautes T-Shirt vorprogrammiert. Aber nicht nur die wurden in Mitleidenschaft gezogen. Meist ging der Lack-Pit-Stop über die Kotflügel hinaus. Reifen, Fahrbahn – Mist, das war der teure Wohnzimmertisch! Minuten später – Glückseligkeit: Fertig! Wagenheber ablassen! Ab in die nächste schnelle Runde!

Porsche 914, Siku, 1975

24 **Porsche 917/10** · Siku, 1980

SIKU
SIKU
SIKU
SIKU

26 **Porsche 968** · NZG Sondermodell, 1999

28 **Porsche 911** · Hot Wheels, 1995

30 **Porsche 959** · Maisto, 1990

32 **Wir hatten Spaß!**

Porsche 911, Siku, 2015 · Porsche 911 Turbo, Siku, 1985

34 **Porsche Boxster** · Welly, 2012

VERSTECKE, DIE FAST JEDER KENNT

Kinderzimmerhelden hatten viele Parkplätze. Die TOP 5!

1. Bettritze, in süddeutschen Gefilden Gräbele genannt.
2. Unter dem Bett, ganz nach hinten gedrängt. So wurden die Helden nicht entdeckt, bis der Staubsauger kam. Spätestens dann flog unter großem Geklapper die nachlässige Aufräumarbeit auf.
3. Papas teurer Dual-Plattenspieler. Mindestens zehn Helden konnten hier gleichzeitig parken. Bei Tempo 45 ging es richtig ab. Was Papa gar nicht cool fand. Ich habe nie verstanden wieso …
4. Hektisch aus dem Haus stürmende Mamas gucken nie in ihre Tasche. Schlüssel in und Kind an der Hand, Tasche irgendwo dazwischen. Da fallen vier bis fünf Autos kaum ins Gewicht. Los geht's. Im Supermarkt. Beim Arzt. Oder auch in der Stadtbücherei. Da sollte man nur immer brav leise sein …
5. Die verbotenen Parkplätze waren immer die Besten, und Papas Videorekorder 2000 war der verbotenste von allen. Dabei war die Garagenklappe so groß, dass sogar zwei bis drei Autos reinpassten, insbesondere die flachen Helden wie der Porsche 914. Der rutschte anschließend auch wieder raus. Meistens zumindest.

Porsche 914, Politoys, 1974

VW PORSCHE 914

38 **Porsche 911 Cabrio** · Matchbox, 1998

40 **Polizei-Abschlepper**

Porsche 911 Turbo, Matchbox, 1978 · Anhänger, Majorette, 1980
Mercedes-Benz 250/8, Siku, 1973 · Porsche 911 Polizei, Siku, 1980
Porsche 911 Polizei, Siku, 1969

POLIZEI
SIKU

42 **Porsche 911 Targa** · Darda, 80er Jahre

darda motor
darda motor
PORSCHE
stop-drom
stop-drom

44 **Porsche 911 Turbo** · Schuco, 2015

Macken, die im Gedächtnis bleiben …

Porsche 924, Corgi, 1985

Ausbildung 1: Papas Edding entdeckt im Arbeitszimmer.
Motorhaube richtig cool lackiert.
Tischlackierung leider gar nicht cool. Papa sauer!

Türen. Anhängerkupplungen. Und: Heckklappen!
Das waren Heiligtümer, die schützt und pflegt man!

Ja, das ist der Originallack!

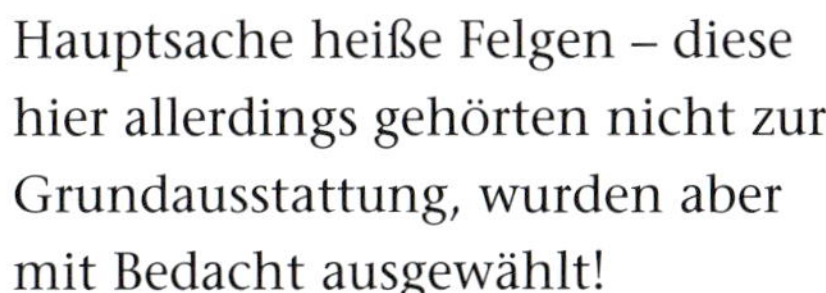

Hauptsache heiße Felgen – diese
hier allerdings gehörten nicht zur
Grundausstattung, wurden aber
mit Bedacht ausgewählt!

A-Säulen werden überbewertet.
Zumindest im Kinderzimmer. Fährt doch,
und die Tür geht auch noch auf!

Ausbildung 2: Umzug in den Keller.
Lackierung mit echter Farbe.
Auto rot. Kleidung rot. Papa rot.
Weil Mama sauer.

Porsche 935 · Matchbox, 1984

50 **Hmmm, bremsen?**

Shunter, Matchbox Superfast, 1978 · Porsche 910, Matchbox Superfast by Lesney, 1970

D 1496-RF
5

Besenwagen – Irgendeiner muss den Job ja machen …

Porsche 911 Turbo, Matchbox, 1980 · Anhänger, Majorette, 1980 · BMW M1, Matchbox, 1981
Fiat Abarth, Matchbox Superfast by Lesney, 1982 · Iso Grifo, Matchbox Superfast by Lesney, 1970
Mercedes-Benz 500 SEC AMG, Matchbox, 1984 · Lamborghini 400 GT Espada, Siku, 1974

AMG
BMW M1

54 **Porsche Boxster** · Siku, 2000

Star Oil
New Space
SPEED LINE
Turbo
1

Dieser 911 macht nicht nur Kinder froh ... ;-)
... uns Erwachsene ebenso!

Porsche 911 GT3 Cup, Siku, 2014

HARIBO

58 **Porsche 944 Turbo** · Matchbox, 1987

944 turbo

60 **Porsche 906** · Siku, 1970

6

DER MIT DEM PFERD TANZT ... Die Zeichen unserer liebsten Automarken sind uns bestens bekannt. Man kann zu den Sternen greifen, aber auch am Boden in die Hufe kommen und rasant jede Kurve nehmen. Angeblich soll ein schwarzes Pferd ja sogar mal von Stuttgart nach Italien galoppiert sein. Fakt ist: Im Ländle entspringen echte Klassiker mit steigendem Pferd seit über 60 Jahren schon allein in Zuffenhausen.

Porsche 911 Turbo, Matchbox, 1978

PORSCHE
911
turbo

Porsche 935 · Welly, 1988

66 **Porsche 910** · Märklin, 70er Jahre

10

Porsche 917/10 · Siku, 1979

70 **Porsche 911 Targa** · Corgi Toys Whizzwheels, 1975

VIER HELDEN, EIN RENNEN Ein Quartett echter Klassiker. Aus Italien und Zuffenhausen. Da stehen sie nun, der Start steht kurz bevor. Ampel auf Rot. Zweites Rot. Drittes Rot. Grün! Hey, haben sich die Italiener etwa abgesprochen? Der 911 hat keine Chance nach vorn zu kommen. Ferrari 308 GTB und Favorit Iso Grifo machen die Tür zu. Catenaccio? Zu Gunsten des Berlinettas? Nicht mit uns, Amici!

Geschickt gebremst grätscht der Turbo links raus und haut alles rein, was sein 300 PS starker Motor zu bieten hat. Die Tifosi unter Schock. Keiner kann dem schwarzen Turbo folgen, einzig der vermeintlich Schwächste des Quartetts, der Berlinetta, hängt sich in den Windschatten. Im Hochgeschwindigkeitsrausch überfährt der Held aus Zuffenhausen die Ziellinie. Der Berlinetta springt überraschend auf zwei, Favorit Iso Grifo wird mit Ach und Krach Dritter. Der 308 GTB guckt in die Röhre … Ciao Ragazzi!

von rechts: Iso Grifo, Matchbox Superfast by Lesney, 1970 · Porsche 911 Turbo, Matchbox, 1978
Ferrari 308 GTB, Matchbox by Lesney, 1981 · Ferrari Berlinetta, Matchbox by Lesney, 1969

DAS RENNEN

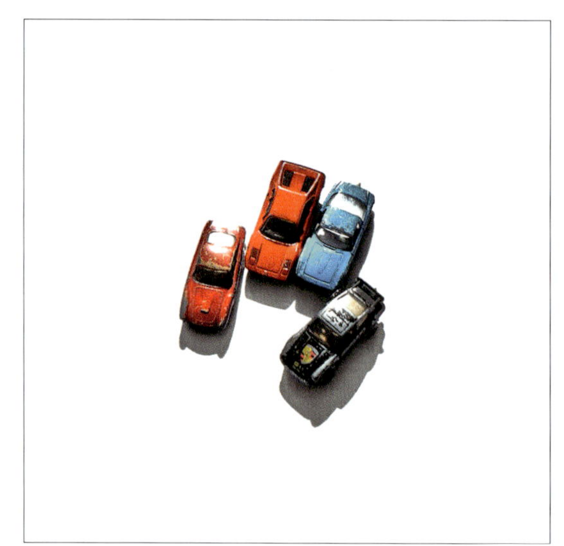

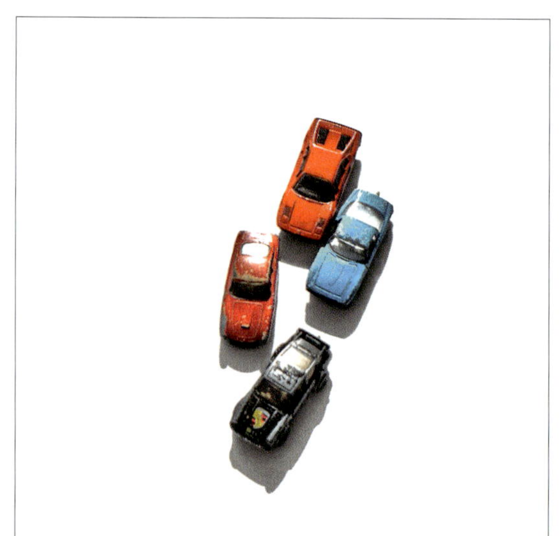

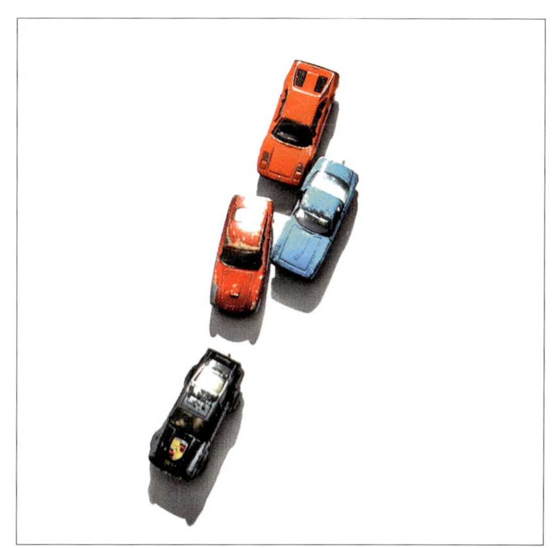

ENDE?

76 **Porsche 906** · Corgi Toys, 1970

60

78 **Wir sind echte Kumpels. Blutsbrüder. Aus dem gleichen Holz, ähhh ... mit dem gleichen Edding lackiert! Howgh!**

Citroen CX, Matchbox Superfast, 1980
Anhänger, Majorette, 1984
Porsche 924, Majorette, 1981

80 **Porsche 908/3** · Best M4, 1996

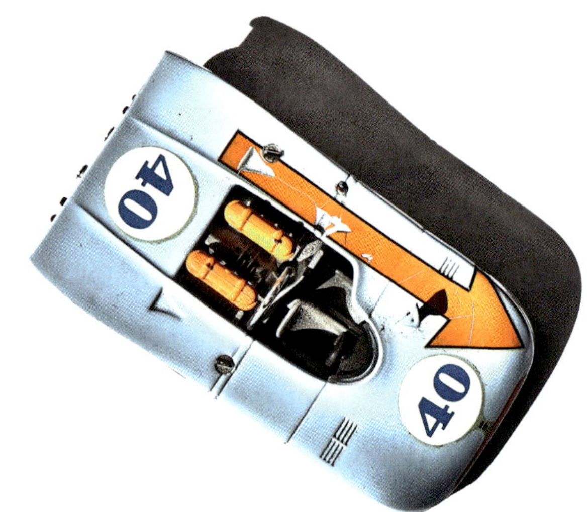

40

Porsche Panamera Polizei · Majorette, 2015

POLIZEI
POLIZEI

Finde den Fehler!

Porsche 935, Nikko, 1981

Castrol
Castrol
PORCHE RACING
20
Castrol

MAGISCH! Flitzer entfalten eine besondere Magie. Schrille Farben, große Nummern von vorne bis hinten. PS-Monster, je größer der Motor desto besser. Auch die Papas drehen im Laden aufmerksam am Spielzeugautoständer mit, betrachten das gediegene Limousinen-Angebot und wundern sich dann, dass ihre Auswahl bei den Kids so gar nicht auf Interesse stößt. Der neue Held muss eben krachen. Cool sein. Ein Cabrio vielleicht? Papa, damit kann man doch keine Rennen fahren! Ich will 'nen Flitzer! Punkt.

Porsche 917, Super Champion, 70er Jahre

18
SHELL
MARCHAL
18
18
SANDEMAN

88 **Wenn es fertig ist, wird das 'nen super Panorama-Dach!**

Porsche 914, Schuco, 1976

90 **Porsche 911** · Schuco, 1976

4

92 **Porsche 911** · Yatming, 1987

16
porsche

ACHTUNG! WILD! Ja, die Werbung hat alles richtig gemacht. Denn was funktioniert besser, als den Renner in edgy orange zu zeigen, den Hirsch vorne auf die Haube zu nehmen und zu schreiben: ACHTUNG! WILD! Klar, der beliebte Likör aus Niedersachsen und seine Hirsche sind Kult. Ob hängend an der Wand oder mit fast 300 km/h auf den Rennstrecken dieser Welt. Natürlich wollte man auch diese Helden ganz schnell im Kinderzimmer sehen und röhrte – manchmal jedenfalls – auch wie ein Hirsch. Noch dazu diese Lyrik! Auf jedem Jägermeister-Flaschenetikett steht von Oskar von Riesenthal (1830–1898) verfasst:

Das ist des Jägers Ehrenschild,
dass er beschützt und hegt sein Wild,
weidmännisch jagt, wie sich's gehört,
den Schöpfer im Geschöpfe ehrt.

Wieder was gelernt, und sicher ist: Wer diesen Reim am Ende eines Abends auswendig aufsagen kann, der ist auch weiter fahrbereit ... ;-)

Porsche 911 Turbo, Corgi, 80er Jahre

24
BOSCH
BILSTEIN
Jägermeister

 Porsche 911 Cabrio · Herstellername und Jahresangaben kaputt gespielt

Respekt, der Notarzt hält gut mit!

Porsche 917, Super Champion, 70er Jahre · Porsche 917, Super Champion, 70er Jahre
Mercedes-Benz „Binz“ Ambulance, Matchbox Products by Lesney, 60er Jahre

PORSCHE
SHELL
12
Jet

100 **Porsche 911 “Polizia Stradale”** · Majorette, 2014

POLIZIA

102 **Porsche 917** · Corgi Toys, 1973

104 **Team Zuffenhausen I**

Porsche 911 Turbo, Matchbox, 1978 · Anhänger, Majorette, 1980 · Porsche 911 Targa, Siku, 1979
Porsche 911, Siku, 1973 · Porsche 917, Siku, 1979 · Porsche 911 Targa, Siku, 1978
Porsche 911 Polizei, Siku, 1974

turbo
911
PORSCHE
SIKU
1

106 **Kremer Porsche** · Matchbox Turbo Specials, 1984

15
Heinzmann
SKF

108 **Land Rover 109** · Corgi Toys Whizzlewheels, 60er Jahre
Porsche 911 Polizei · Siku, 1980

POLI

Volvo 12 Turbo 6 · Siku, 1983
Porsche 911 Polizei · Siku, 1980

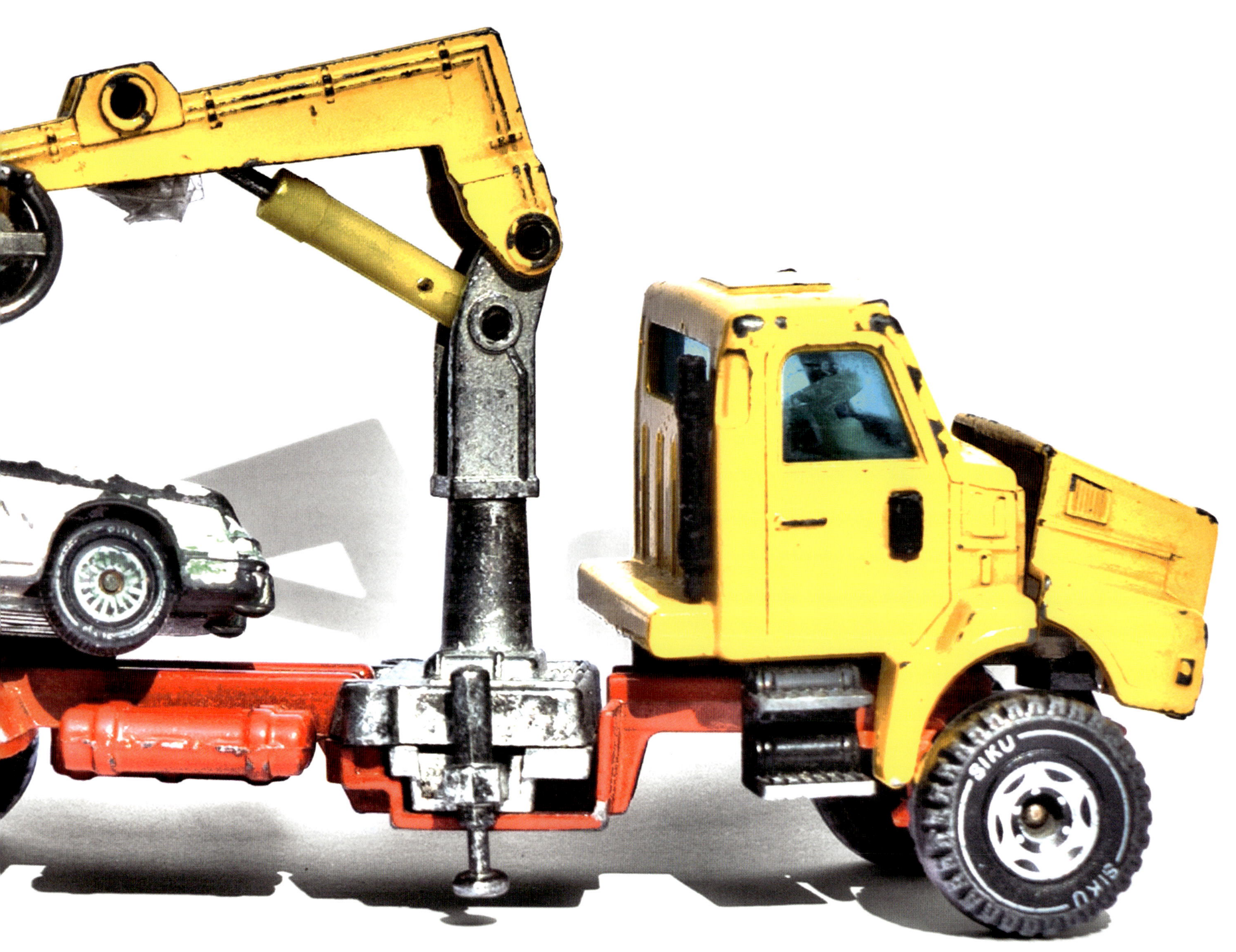
SIKU

112 **UUUUUAAAaaaahhh!!**!

Porsche 911 Turbo, Bandai, 1983

PORSCHE

MYTHOS 911 *Merci chers amis de la France de Peugeot.* Ohne Euch hätten wir uns nie über den 911 freuen können. Hättet ihr Euch beim ersten 911, der eigentlich 901 hieß, nicht so empfindlich gewehrt und darauf bestanden, dass dreistellige Zahlen mit einer „0“ in der Mitte euer geistiges Auto-Eigentum sind – Porsche wäre nie auf 911 umgestiegen. Und wir bekämen bei Nennung dieser mythischen Zahlenfolge heute keine schwitzigen Hände oder Gänsehaut. Selbstverständlich sind auch Eure Helden legendär. Der 504. Bei Citroen die *Göttin* und der *Deux Chevaux*. Großartig! Wir können ja mal tauschen.

PS: Wir freuen uns auch weiterhin auf den ersten 901 aus Frankreich. Bitte sagt rechtzeitig Bescheid, damit wir zur offiziellen Vorstellung erscheinen können.

Diverse Porsche 911, Modelle verschiedener Hersteller aus den 60er Jahren bis 2016

turbo
POLIZEI

Porsche 911 Einsatzfahrzeug · Corgi Toys Whizzwheels, 1975

118 **Porsche 911 Turbo** · Schuco, 2015

PORSCHE

120 **Käfer, Beetle, Brezelkäfer, Buggy, Herbie, 1200, 1302, 1303 …**
Gebaut: 21.529.464 mal! Im Volksmund einfach Kugelporsche genannt

VW Käfer 1200, Majorette, 2011

122 **Porsche 911 Cabrio** · Siku, 1987

SIKU
SIKU
SIKU
SIKU

Gesichtet am Kiez und Millerntor. You'll never walk alone!

Porsche 911 Turbo, Welly, 2016

turbo
PORSCHE

126 **Porsche 917/10** · Siku, 1979

RACING
siku
TEAM
ARAL
ARAL
PORSCHE

SALLY ... ist nicht nur die stilvolle Anwältin mit kalifornischen Kennzeichen und Besitzerin von *Radiator Springs' Cozy Cone and Wheel Wagon Motels* sondern auch Lightning McQueens ganz große Liebe. Im britischen Auto-Magazin *Top Gear* wurde Sally in die „Liste der zehn Autos mit dem größten Sexappeal" aufgenommen: Smart & Sexy. Man(n) kann so einer Frau kaum widerstehen ...

Porsche 911 "Sally Carrera", Mattel, 2012

130 **Heute wird ein guter Tag!**

Porsche 911 Polizei, Corgi Juniors, 1996

So ein Sch...tag! Ich geh' Eis essen!

Ice Cream Canteen, Lesney, 1963 · Fourgon, Majorette, 1981
Porsche 911 Polizei, Corgi Juniors, 1996

134 **Porsche 928 Notarzt** · Siku, 1986

NOTARZT
SIKU
SIKU
SIKU
SIKU

136 **Porsche 959** · Siku, 1990

Porsche 911 · Hersteller und Jahresangaben unbekannt

SONDERAUSSTATTUNG: ANHÄNGERKUPPLUNG Wer bereits das Vergnügen hatte, ein Auto zu konfigurieren, kommt schnell zum Thema Sonderausstattung: Panoramaglas. Lederausstattung. Multimedia-Paket. Head-up-Display – die Möglichkeiten steigen von Jahr zu Jahr. Auch bei den Kinderzimmerhelden standen damals Sonderausstattungen hoch im Kurs. Türen, die man öffnen konnte – fast schon Standard. Kofferraumklappen? Absolut erwünscht. Das Volumen des Kofferraums? Wie viele zusammengeknüllte Tempotaschentücher-Kügelchen haben denn da Platz? Wobei der Kofferraum bei den Helden aus Zuffenhausen immer eine untergeordnete Rolle spielte. Wenn die Porsche aber über eine Anhängerkupplung als Sonderausstattung verfügten, waren sie begehrt im Kinderzimmer. Denn der Anhänger bot richtig viel Platz für die Kügelchen, und so steckte man jeden Kombi locker in die leere Taschentuchpackung. Yeah! Porsche mit Transporterqualitäten. Heute sagen wir: We like!

Porsche 911 Turbo, Matchbox Superfast, 1978 · Anhänger, Majorette, 1981

turbo
911
PORSCHE

142 **Porsche 917** · Brumm, 1994

Gulf-Porsche
25
Gulf

Azubi-Renner für alle Taxifahrer ...

Porsche 911 Fahrschule, Majorette, 2016
Porsche Panamera Taxi, Majorette, 2016

TAXI

146 **Porsche 914** · Siku, 1977

R

Menno …

von links im Uhrzeigersinn:
Porsche 356 Polizei, Märklin, 60er Jahre
Porsche 911, Siku, 1973 · Porsche 911 Cabrio, Matchbox, 1998
Porsche 924, Majorette, 1980 · Porsche 911 Turbo, Matchbox Superfast, 1980
Porsche 901, Siku, 1969 · Porsche 935, Welly, 1988 · Porsche 911 Turbo, Corgi, 80er Jahre
Porsche 959, Maisto, 1990 · Mercedes-Benz 250/8, Siku, 1973

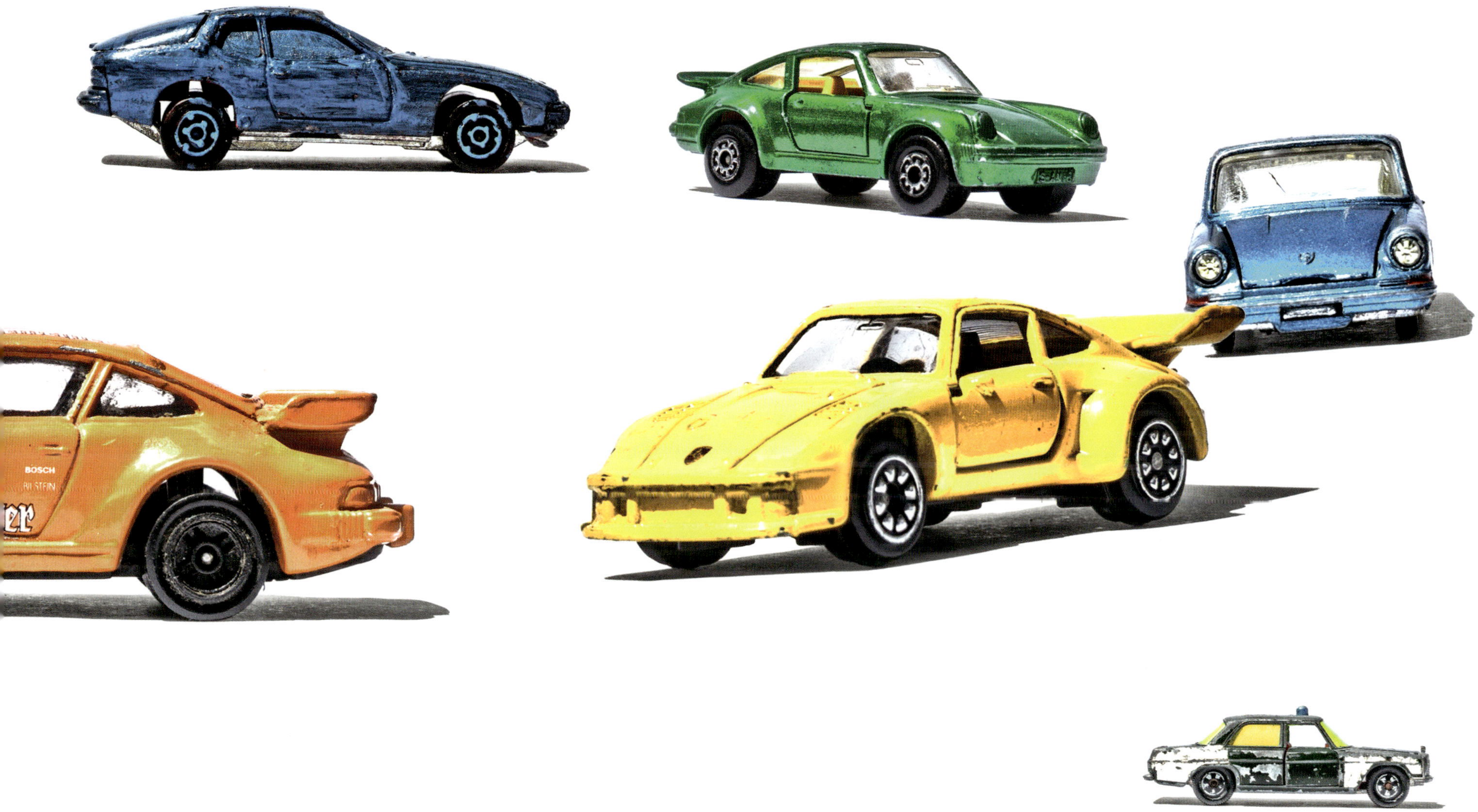

… darf nicht mitspielen!

150 **Porsche 911 Turbo** · Siku, 1979

MK-S911

ERLKÖNIG Die Zeitreise führt uns ins 18. Jahrhundert sowie in den deutschen Wiederaufbau. Die Ballade „Erlkönig" von Johann Wolfgang von Goethe, die mit dem Vers „Wer reitet so spät durch Nacht und Wind? Es ist der Vater mit seinem Kind" eröffnet, wurde Anfang der 50er Jahre umgedichtet durch den damaligen *auto, motor & sport*-Chefredakteur Heinz-Ulrich Wieselmann. Er stellt so den ersten automobilen Erlkönig vor:

Wer fährt da so rasch durch Regen und Wind? / Ist es ein Straßenkreuzer von drüben,
der nur im Umfang zurückgeblieben / oder gar Daimlers jüngstes Kind?

Der stille Betrachter wäre gar nicht verwundert, / wenn jenes durchgreifend neue Modell,
das selbst dem Fotografen zu schnell, / nichts anderes wär als der Sohn vom „Dreihundert".

Wieselmann und sein Stellvertreter Werner Oswald nutzten den Begriff Erlkönig erstmals in Zusammenhang mit Prototypen ab *ams*-Ausgabe 15 (19. Juli 1952) – und damit wurde er kanonisch in der Automobilindustrie. Auch uns Kinderzimmerheldenbesitzern blieb dieser Begriff und die damit bezeichneten unkenntlich gemachten Autos nicht verborgen. Damals wie heute erfanden wir unsere eigenen Erlkönige. Was ausgesprochen fix ging: Eine Rolle teuerstes Londoner Dekoband aus Mamas Schublade und dann schön einwickeln das Ganze!

Porsche 911 Turbo, Siku, 1979

LOVE

154 **Ihr kriegt mich eh' nicht!**

Porsche 911 Turbo, Matchbox Superfast, 1979 · Porsche 911 Polizei, Siku, 1979 / 1980 / 2010
Porsche 911, Siku, 1969 · Porsche 356, Märklin, 60er · Porsche Panamera, Majorette, 2015

PORSCHE

156 **Porsche 911** · NZG, 1990

158 **Porsche 911 Polizei** · Siku, 1982

vor der Verbrecherjagd

nach der Verbrecherjagd

Porsche 956 · Corgi, 1985

Canon
14
Canon

162 **Porsche 911 GT3 RS** · Majorette, 2016

GT3RS

SPIELPLATZFUND Das Leben eines Kinderzimmerhelden ist vielschichtig – was durchaus wörtlich gemeint ist. Denn dieser Held hier etwa mag Jahre unter einer vielschichtigen Masse Sand gelegen haben, bis der kleine Julian (4) und die kleine Lola (6) am Stuttgarter Bubenbad-Spieli auf ihn gestoßen sind. Mit Begeisterung fand der 928 sofort einen Parkplatz in neuer Umgebung und erfreut sich seither über viele weitere neue Freunde aus Zuffenhausen. Und auf ähnliche Art und Weise werden hoffentlich noch viele weitere Helden von damals von den Julians dieser Welt gerettet werden – um Papa glänzende Augen zu bereiten …

Porsche 928, Bburago, 1995

PORSCHE

166 **Porsche 911 Carrera RS** · Welly, 2014

Carrera

168 **Porsche 911 Cabrio** · Siku, 1990

MEIN ERSTER PORSCHE – TEIL 2 Besaß nicht jeder von uns schon mal einen Porsche? Egal ob im Kinderzimmer, auf dem Speicher oder am Ende in echt in der Garage? Die Seite rechts ist exklusiv für Deinen ersten Porsche reserviert. Frage Deine Eltern, ob er noch auf dem Dachboden in der großen Kiste schlummert oder wo auch immer er aktuell seinen Parkplatz hat. Dann mache ein Foto davon – klebe es hier ein und poste es auf der Facebook-Seite von Kinderzimmerhelden. Viel Spaß dabei, wir sind schon sehr gespannt auf Eure Autos.

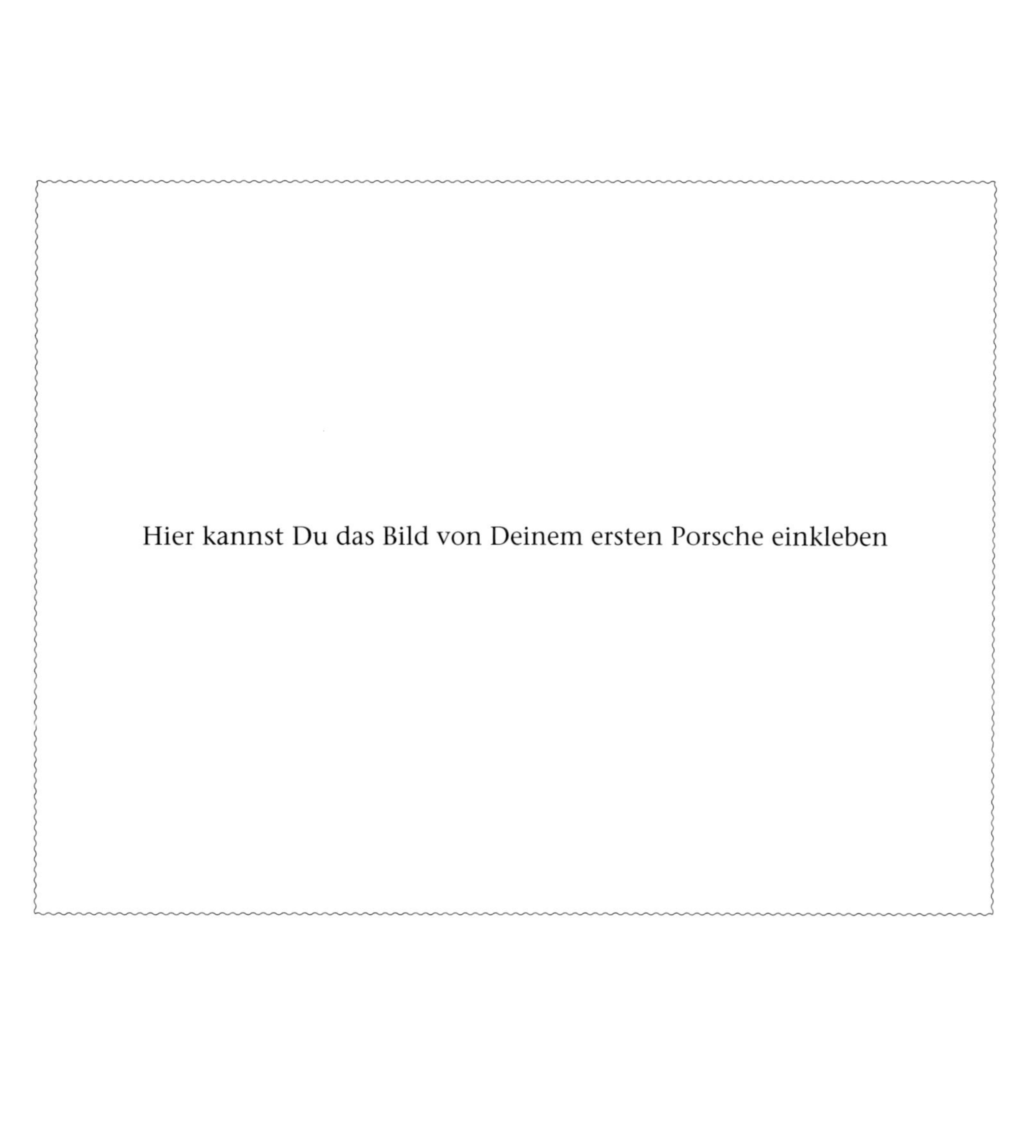
Hier kannst Du das Bild von Deinem ersten Porsche einkleben

172 **Team Zuffenhausen II – Mit Polizeischutz**

Porsche 911 Turbo, Siku, 1982 · Porsche 911 Turbo, Matchbox, 1980
Porsche 911 Turbo, Matchbox, 1980 · Porsche 911 Turbo, Matchbox, 1978
Porsche 911 Targa, Siku, 1978 · Porsche 911 Polizei, Siku, 1969

174 **Porsche 911 Polizei** · Corgi Juniors, 1996

POLIZEI

176 **Nicht wir ... Schnappt euch die Anderen ...**

Porsche 911 Polizei, Siku, 1978 · Porsche 901, Siku, 1969 · Porsche 901, Siku, 1969
Porsche 911 Polizei, Siku, 1979 · Porsche 911 Polizei, Siku, 1980

MK
3063
3063
MK

Und Tschüss!

Porsche 911 Polizei, Siku, 1978 · Porsche 901, Siku, 1969 · Porsche 901, Siku, 1969
Porsche 911 Polizei, Siku, 1979 · Porsche 911 Polizei, Siku, 1980
Lamborghini 400 GT Espada, Siku, 1974 · Iso Grifo, Matchbox by Lesney, 1970

MK
3063
3063
MK

BUNT WIE EINE TÜTE JELLY BELLY BEANS Früher traute man sich was – wenn es um die Farben der Helden aus Zuffenhausen ging. 50 offizielle Sorten gibt es bei den beliebten Jelly Belly Beans, 50 verschiedene Farben, eine bunter als die andere. Schaut man in die Jahrzehnte bei Porsche zurück, so sind es vor allem Farben wie Kaschmirbeige, Talbotgelb oder Lindgrün metallic, die noch heute den Unterschied ausmachen und herausstechen. Wie bunte Leuchttürme auf der Straße.

Porsche 911 Targa, Märklin, 1970

182 **Porsche 901** · Siku, 1969

184 **Porsche 928** · Bburago, 1995

186 **Porsche 911 Turbo** · Hot Wheels, 2012
Mercedes-Benz 500 SEC AMG · Matchbox, 1984

188 **Porsche 911** · Schuco, 1976

„HAUSFRAUENPORSCHE“ HIN ODER HER – wer hätte nicht gern diesen Klassiker in der Garage stehen? Und dann auch noch in Gold! Mit Anhängerkupplung! Da ist es doch völlig egal, dass der Motor von Audi kam, die Hinterachse bereits Erfahrung im Käfer gemacht hatte oder Teile aus dem VW Golf verbaut waren. Der hier war und bleibt eine coole Karre, die leider erst viele Jahre später die entsprechende Wertschätzung genoss.

Porsche 924, Corgi Toys, 1985

PORSCHE

192 **VW Käfer 1300 ADAC** · Siku, 1978
Porsche 911 Turbo · Matchbox, 1978
Porsche 914 · Siku, 1977

turbo

194 **Porsche 911** · Siku, 1973

196 **Porsche 918 Spyder** · Majorette Toy Fair Limited Edition, 2015

15

15

15

15

15

15

DAS AUTO-ABC Kaum vorstellbar, aber dennoch möglich, das Auto-ABC meint es gut mit den Helden aus Zuffenhausen. Tauscht man sich als Kind mit einem *Brumm-Brumm* oder *Tatütata* verständlich aus, wird es kurz darauf schon deutlich technischer: Aus *Auddo* wird *Auto,* und dass auf *Auto* oft und schnell *Posche* und dann *Porsche* folgt, hat einen Grund: Papa. Denn der wird auf der Straße immer rufen: „Guck mal, das ist ein Porsche!"

Porsche 911 Polizei, Siku, 1980

POLIZEI
SIKU
SIKU
SIKU
SIKU

200 **Porsche 917** · Corgi Juniors Whizzlewheels, 1973

202 **Porsche Cayenne** · Siku, 2016

Bella Italia – Made in Zuffenhausen

Porsche 911 Turbo, Matchbox by Lesney, 1980
Porsche 911 Turbo, Siku, 1979 · Porsche 911 Turbo, Siku, 1981

206 **Porsche 356 Speedster** · Corgi, 2015

208 **Porsche 911 Turbo** · Schuco, 2015

Ausgeliefert

Mercedes-Benz 2232, Siku, 1981
Porsche 911 Turbo, Matchbox, 1978 · Anhänger, Majorette, 1980
Porsche 911, Siku, 1973 · Porsche 928, Siku, 1983
Porsche 944, Matchbox, 1987 · Porsche 914, Siku, 1977
Porsche 959, Siku, 1987

siku TRANSPORTER
R

HEILIGE HALLEN Heute sind die auf Kinderzimmerhelden spezialisierten Schrauberhallen, wie man sie einst an vielen Ecken fand, weniger geworden. Früher hatte eine solche Heilige Halle, in der man aus dem Staunen nicht herauskam, ihren Standort meist mitten in der City. Ob *Hänsel & Gretel, Spielwaren-Kurtz* oder *Kaufhaus Horten* – der Spannungsbogen war stets der gleiche … Katalog vom letzten Besuch noch am Frühstückstisch durcharbeiten. Sparschwein schlachten. Zähneknirschend Zähne putzen. Aufgeregt ins Auto steigen. Ankommen. Nase platt drücken. Die unerreichbaren Schaufensterhelden bewundern. Reingehen und dann: TA-TAA! Willkommen im Paradies, wo Zeit keine Rolle spielte. Denn bis man sich entschieden hatte, welcher Held einen an diesem Tag an die Kasse begleitete, konnten Stunden vergehen …

Porsche 935, Matchbox, 1983

214 **Porsche 928** · Matchbox by Lesney, 1979

Porsche 924 · Majorette, 1981

PORSCHE

218 **Porsche Boxster** · Welly, 2012

220 **Porsche 356** · Maisto, Jahresangaben kaputtgespielt

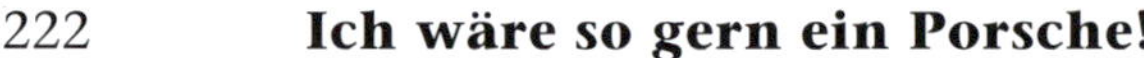

222 **Ich wäre so gern ein Porsche!**

Renault 17, Majorette, 1977
Porsche 911 Targa, Corgi Toys Whizzwheels, 1975

TEST DRIVE RELOADED Kinderzimmerhelden-Autokunde kam meist einer Ausbildung gleich. Zum Ende der Ausbildung, im Übergang zur Halbstarken-Teenager-Phase nutzte man dieses Wissen. Test Drive, das wohl beste und berühmteste C64-Autorennen mit extrem verlockenden Wahlmöglichkeiten: Lotus Esprit Turbo. Lamborghini Countach. Ferrari Testarossa. Chevrolet Corvette und: Porsche 911 Turbo. Der Klassiker. Wer etwas auf sich hielt, fuhr selbstredend Porsche. War vielleicht nicht das Modell mit dem Topspeed, aber der Zweitschnellste nach dem Countach mit 12,8 Sekunden von Null auf Hundert mp/h. Und wenn Du Deinen Kontrahenten im Lamborghini gleich beim Start abgelenkt hattest, dann gehörte sie Dir, die erste Kurve!

Porsche 911 Turbo, Toy Fair Limited Edition, 2015

Finde auch hier den Fehler ...

Porsche 928, Welly, 1990

938

228 **Heute ein Popstar – morgen als Starschnitt!**

Porsche 928, Matchbox Superfast, 1979

BRAVO

Pausen sind auch mal erlaubt. Und es spart Benzin ...

Mercedes-Benz LP 608 ADAC, Siku, 1974 · Porsche 911 Polizei, Siku, 1979

POLIZEI
SIKU
Straßendienst
Im Auftrag des ADAC

232 **Flugporsche**

Faun Kranwagen, Siku, 1979 · Porsche 911 Polizei, Siku, 1978

234 **Porsche 944 Turbo** · Matchbox, 1987

944 turbo

236 **Porsche 928** · Matchbox, 1979

PORSCHE

WO KOMMST DU DENN HER – HAST DICH WOHL VERFAHREN? Kinderzimmerhelden unter sich, tagsüber, wenn es im Kinderzimmer ruhig wird. Die Neuzugänge werden neugierig unter die Lupe genommen. Nicht nur die kleinen motorisierten Helden begrüßen die Frischlinge, auch Nachbarn aus Kiste zwei bis sieben recken interessiert ihre Hälse. Willkommen neuer Freund. Schön, dass Du da bist!

Porsche 911 GT3, Majorette, 2016 · neugierige Giraffe, Schleich, 2016

GT3RS
GT3RS
GT3RS

Porsche 910 · Matchbox Lesney Superfast, 1970

242 **Porsche 959** · Siku, 1987

SIKU
SIKU
SIKU
SIKU

Volvo 12 Turbo · Siku, 1980
Porsche 917 · Corgi Toys, 1973

PORSCHE
SIKU
SIKU
SIKU
SIKU

246 **Porsche 356** · Märklin, 60er Jahre

248 **Capt'n Sharky & Crew – Yeah! Heute mal nicht in Knoten, sondern in km/h unterwegs ...**

Porsche 911 Polizei, Siku, 1978

250 **Porsche 918 Spyder** · Majorette Toy Fair Limited Edition, 2015
Siku-Rennwagen · Siku, 2014

STAR
7
15

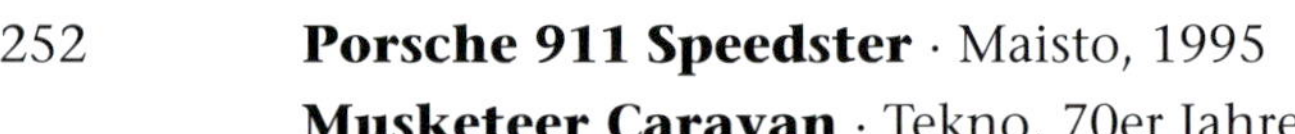

252 **Porsche 911 Speedster** · Maisto, 1995
Musketeer Caravan · Tekno, 70er Jahre

254 **Porsche 911 GT3 RS** · Majorette, 2016

TAKE MY BREATH AWAY Es war der Film des Jahres. *Top Gun*. 1986. Teenager beiderlei Geschlechts schlichen sich heimlich ins Kino. Mehrfach. Er, LT Pete Mitchell, auch Maverick genannt, hing so ziemlich an jeder Jugendzimmerwand. Eine coole Socke. Der Traum aller Mädchen. Und Charlotte Blackwood, Mavericks Herzensdame im Film, war nicht weniger charmant und attraktiv. Kurz: Charlotte war ein heißer Feger. Besonders heiß aber war auch Charlottes Auto: der kleine 356 Speedster raubte uns den Atem, wie es der Hit zum Film schon angekündigt hatte …

Porsche 356 Speedster, Corgi, 2015

258 **Hanomag Henschel Pritschenwagen** · Siku, 1974
Porsche 956 · Herstellername und Jahresangaben kaputt gespielt, muss abgeschleppt werden.

19

Porsche 911 Turbo · Matchbox, 1978

turbo

262 **Porsche 911 „Turbo“** · Corgi Juniors, 1995

turbo

264 **Porsche 959** · Matchbox, 1985

PORSCHE

266 **Porsche 910** · Märklin, 90er Jahre

DEN ANDEREN IMMER EINEN SCHRITT VORAUS ... Porsche und die Polizei. Gehört zusammen wie Lenkrad und Hupe: Wilde Verfolgungsjagden. Polizeiautos zum Angeben, die Stuttgarter Polizei liebte ihre technisch ausgefeilten Einsatzwagen aus Zuffenhausen. Kein anderer Hersteller konnte per Knopfdruck die Rückwärtslampen ausstellen, wenn es auf dem Autobahn-Seitenstreifen rückwärts bis zum Ort des Geschehens ging. Und selbst wenn: Die meisten wassergekühlten Polizeiwagen hatten im Rückwärtsgang das Nachsehen, während die Einsatzfahrzeuge aus Zuffenhausen dank ihrer Luftkühlung bis zu zehn Kilometer rückwärtsfahren konnten.

Porsche 911 Polizei, Minichamps, 1994

POLIZEI
S : 3033

270 **Porsche 356 Speedster** · Welly, 2013

272 **Porsche 959** · Matchbox, 1986

959
PORSCHE
PORSCHE

Porsche Macan · Siku, 2016

SO COOL FAHREN DIE FREUNDE UND HELFER Porsche, Lamborghini, R4 – und der Golf der Holländer ist bestimmt ein GTI … ist er nicht? Ein TDI? Na gut, der verbraucht wenigstens nicht so viel Treibstoff!

VW Golf, Siku, 2016 · Renault 4, Edition Atlas, 2016
Porsche 911 Turbo, Siku, 1980 · Lamborghini Gallardo, Siku, 2015

POLIZIA
POLIZEI

278 **Porsche 928** · Siku, 1987

SIKU

280 **Porsche 911 Turbo** · Matchbox by Lesney, 1980

282 **Porsche 935** · Herstellername und Jahresangaben kaputtgespielt

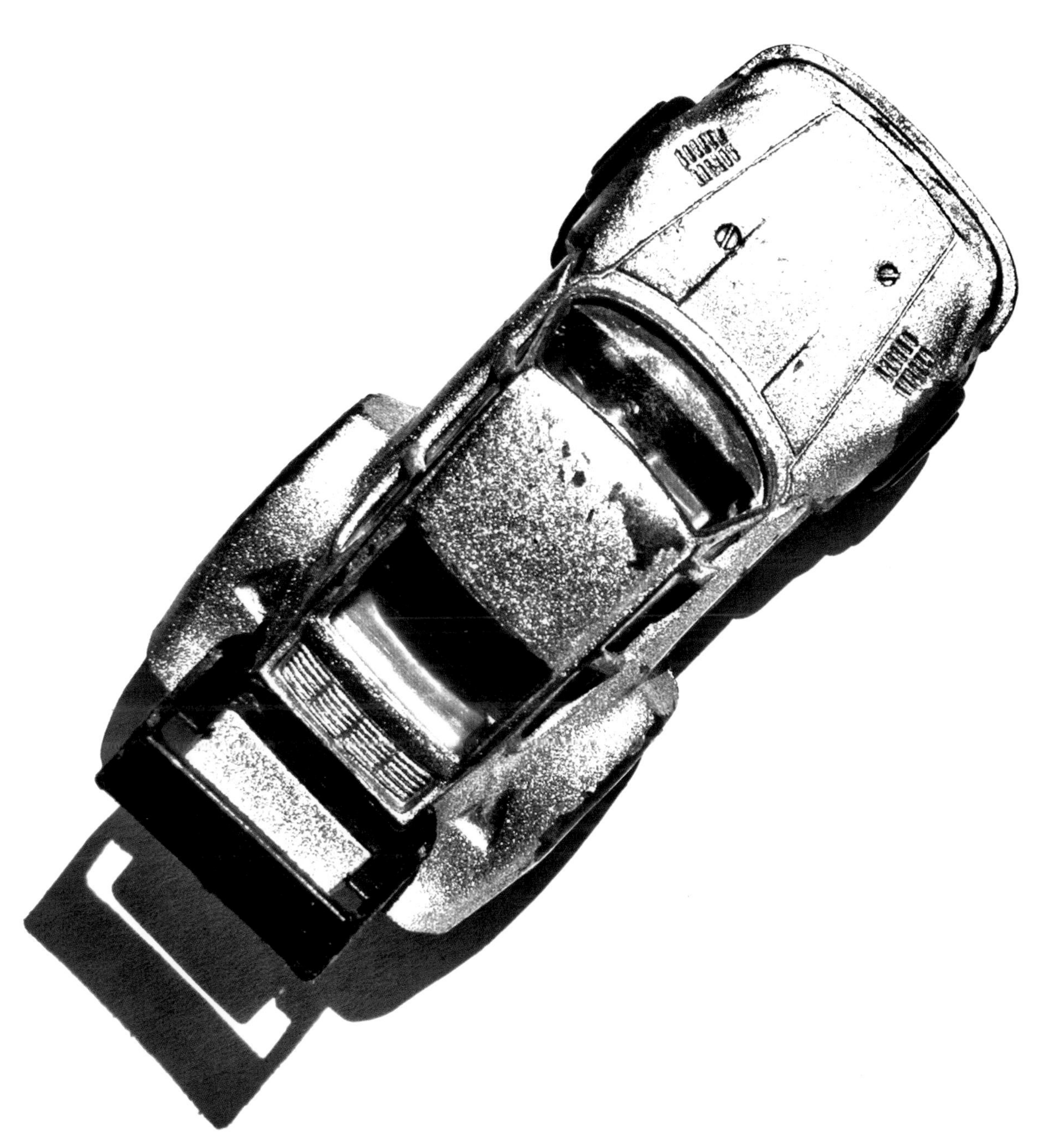

284 **Porsche 959** · Matchbox, 1986

959
PORSCHE
959
PORSCHE
sabelt
speedline

HELDEN UNTER SICH Es sind die Bilder großer Rennen, die in den Köpfen hängen bleiben. 1954. Mille Miglia in Italien. Der Klassiker im Porsche 550 Spyder. Hans Herrmann und Herbert Linge sind in D-Zug-Geschwindigkeit unterwegs. Vor ihnen ein Bahnübergang – Schranke unten. Der Schnellzug auf dem Weg nach Rom rollt an. Stoppen? Nicht möglich. Zu schnell ist der Spyder unterwegs. Hans Herrmann schlägt seinem Co-Piloten auf den Helm. Ducken! Jetzt! Sie rauschen unter der Schranke durch. Vor dem Schnellzug. Starke Szene, die im Kinderzimmer gern nachgespielt wird. Also Brio-Bahn raus, und los geht's. Der Zug naht, der Spyder huscht unter der Schranke durch. Immer und immer wieder. Das ist Motorsport! Brutal echt!

Porsche 550 Spyder, Maisto, 2013

288 **Schnell. Batman sitzt auf dem Pott, ich übernehme. Joker, ich krieg Dich! Vrummm!**

Porsche 911 Turbo, Matchbox Superfast, 1978 · Joker Mobil, Corgi, 1979

turbo
PORSCHE
PORSCHE
Joker

Sandstrahlung. In echt!

Porsche 356 Polizei, Märklin, 60er Jahre

292 **Porsche Carrera GT** · Siku, 2015

294 **Porsche 928** · Matchbox by Lesney, 1980

PORSCHE

296 **Eingeparkt**

von links nach rechts oben: Porsche 911 Turbo, Siku, 1980 · Porsche 911 Turbo, Hot Wheels, 1995
Porsche 911 Targa, Siku, 1980 · Porsche 911 Turbo, Siku, 1981 · Porsche 928, Siku, 1983
Porsche 911 Turbo, Matchbox by Lesney, 1980 · Porsche 911, Schuco, 1976
von links nach rechts unten: Porsche 911 Targa, Siku, 1978 · Porsche 928, Matchbox by Lesney, 1979
Porsche Carrera GT, Siku, 2015 · Porsche 356 Speedster, Welly, 2014 · Porsche 911 Polizei, Siku, 1980
Porsche 911 Speedster, Maisto, 2010 · Porsche 928, Matchbox by Lesney, 1979

MK
3063

298 **Porsche 928** · Siku, 1983

300 **Porsche 956** · Herstellername und Jahresangaben kaputt gespielt

19

Jens Torner

WESHALB IST MANCHES DAS BESONDERE, UND MANCHES NICHT?

Auf Spurensuche: Aus den Kindertagen bleibt in Erinnerung, was einen beschäftigt, begeistert und beeindruckt hat. Nicht das Relevante oder Wichtige. Wieso, weshalb, warum bleibt der Porsche im Kopf und nicht die Brot-und-Butter-Autos?

Roter Turbo 3,3, um 1984 > Auf dem Lehrer-Parkplatz des Gymnasiums stehen Golf, Käfer, 230 E, Rekord oder R12 – für alle Zeit im Kopf wird allerdings das Fahrzeug der Englischlehrerin bleiben: Ein roter 911 Turbo 3,3 – unfassbar. Dann noch ein Turbo! Ein Turbo! In Indischrot obendrein auch noch. Die Phantasie galoppiert davon, es ist die weite Welt, das aufregende Leben, man ist angekommen, wo man immer hinwollte. Irgendwie passt der rote Turbo auch zu den optischen Vorzügen der Lehrerin. Die sind eben auch nicht Durchschnitt. Bei diesem Turbo auf dem Lehrerparkplatz hört man kein gewöhnliches Fahrgeräusch, es ist spek-ta-ku-lär, was sich da akustisch abspielt. Und wenn's nur mit sechs Stundenkilometern geschieht. Kein Vergleich zu den anderen Autos, die in der Erinnerung verblasst sind. Weshalb die Englischlehrerin just diesen Turbo besessen hat, ist nie herausgekommen. Aber die Phantasie tut auch dort ihr Übriges.

Porsche 911 Turbo, Toy Fair Limited Edition, 2015

Blauer 928, um 1981 > Im ordentlichen Neubaugebiet im Dorf rund um Stuttgart rennen auf einem Garagenhof zwanzig Jungs fast alle dem Ball hinterher, ohne Plan im Kopf. Große Freiheit, keine Regeln. Auf dem Parkplatz sehen die Jungs einen blauen 928. Mächtig imposant, mächtig. Passt irgendwie nicht zwischen die Granadas,

Kadetts, 240 D oder Starlets. Der Fahrer des 928ers, der tatsächlich dort auch wohnt, muss ein Mann von Welt gewesen sein. Ganz sicher. Sonst geht so was ja nicht. Die Form eines unerhörten Luxuswagens lässt sich allerdings bis heute nicht richtig einordnen. Etwas zwischen Ufo und Hauptgewinn im Leben.

Porsche 928, Siku, 1983

Hellblauer 908/03, um 1979 > Wieder ein Garagenhof. Am Ostrand von Stuttgart. Aber diesmal im Inneren einer Garage. Auf der hinteren Wand, links oben: das Plakat der Targa Florio 1970. Dieser Rennwagen. DAS war das Abenteuer. Der harte Kampf. Das Letzte herausholen. Der Rennfahrer war ein Held, und die Sizilianer sitzen irrwitzig nah in der Kurve. Keiner will das Spektakel Targa Florio verpassen, da hält man sich doch nicht mit Sicherheitsaspekten auf. Da gibt es definitiv Wichtigeres – auch auf dem Garagenhof am Ortsrand, von dem es ein sehr weiter Weg zu dem Abenteuer in Sizilien ist. Aber die Gedanken sind bekanntlich frei, und es spielt sich ein Feuerwerk ab, das den schwäbischen Jungen ganz nah zu den Tifosi in der Kurve bei Cerda oder Campofelice bringt. Der Junge aus Deutschland weiß natürlich nicht, was der orangene Pfeil, direkt auf den Sieg zeigend, auf der hellblauen, dünnen Außenhaut des Rennwagens bedeutet. Er gräbt sich aber so ins Gehirn ein, dass er dort langfristig zu finden ist. Wie das Plakat von der Targa Florio in dieser Garage am Ostrand von Stuttgart.

Porsche 908, Model Best, 1996

1940er	1950er	1960er	1970er

Mittelmotor

550 Spyder

906

914

910

917

Frontmotor

Heckmotor

356

912

Ur-911

911 Carrera RS

1980er	1990er	2000er	2010er

Boxster (986)

Boxster (981)

Cayman

924

Macan

944

968

Panamera

928

Cayenne (955)

Cayenne (958)

935

956

959

Carrera GT

918

Modell

911 Speedster

911 (993)

911 (996)

911 Cabrio (997)

911 Turbo (991)

DIE GESCHICHTE DER DR. ING. H.C. F. PORSCHE AG

Die Geschichte der Porsche-Sportwagen beginnt 1948 mit dem legendären Typ 356, doch das ideelle Fundament der Marke bildet das technische Lebenswerk von Professor Ferdinand Porsche (1875–1951), das von seinem Sohn Ferry (1909–1998) weitergeführt wurde. Seit dem Beginn des letzten Jahrhunderts wird der Name Porsche mit wegweisenden Innovationen im Automobilbau assoziiert.

Im Jahr 1887 konstruierte Ferdinand Porsche einen Antrieb für ein Elektromobil, 1900 präsentierte er den Lohner-Porsche mit elektrischen Radnabenmotoren auf der Pariser Weltausstellung. Noch im selben Jahr folgte der erste Allrad-Personenwagen der Welt. Der mit benzin-elektrischem Misch-Antrieb konstruierte Semper Vivus ging als das erste funktionierende Hybridautomobil in die Automobilgeschichte ein und legte die Grundlage für die Serienfertigung der ab 1901 gebauten Lohner-Porsche Mixte. 1906 wurde Ferdinand Porsche zum Technischen Direktor der Austro-Daimler Werke berufen, bis er 1923 als Technik-Vorstand zur Daimler-Motoren-Gesellschaft nach Untertürkheim wechselte. 1929 verließ Porsche das inzwischen zur Daimler-Benz AG fusionierte Unternehmen, und kehrte – nach einem kurzen Intermezzo bei den österreichischen Steyr-Werken – zum Jahresende 1930 nach Stuttgart zurück, um als Konstrukteur und Entwickler selbstständig zu arbeiten.

Das seit 1931 als Porsche GmbH firmierende Konstruktionsbüro avancierte zu einer Keimzelle der Automobiltechnik und prägte durch zahlreiche Innovationen auf Jahrzehnte den internationalen Personen- und Rennwagenbau. So erhielt Ferdinand Porsche 1933 den Auftrag, für die Auto Union einen neuen 16-Zylinder-Rennwagen für die 750-kg-Rennformel zu entwickeln. Das Mittelmotorkonzept des Auto Union P-Rennwagen (P für Porsche) erwies sich als richtungsweisend für den modernen Motorsport und findet noch heute in der Formel 1 Anwendung.

Neben der Rennwagenentwicklung arbeitete das Porsche-Konstruktionsbüro seit 1933 an der Konstruktion eines von den NSU-Werken in Auftrag gegebenen, preisgünstigen Kleinwagens. Als Ferdinand Porsche mit der Konzeption des Kompaktwagens Typ 32 begann, war dies bereits die insgesamt siebte Kleinwagenkonstruktion seiner Karriere. Als entscheidend für den Durchbruch des Automobilkonzeptes von Ferdinand Porsche sollte sich das „Exposé betreffend den Bau eines Deutschen Volkswagens“ erweisen, das er am 17. Januar 1934 dem damaligen Reichsverkehrsministerium übergab. Schon bald darauf, am 22. Juni 1934, erhielt er vom „Reichsverband der deutschen Automobilindustrie“ (RDA) offiziell den Auftrag zur Konstruktion und zum Bau von Volkswagen-Prototypen, die ab 1935 in der zur Werkstatt umgebauten Garage der Porsche-Villa montiert wurden.

Neben dem Volkswagenprojekt bearbeitete das seit 1938 im Stuttgarter Stadtteil Zuffenhausen ansässige Porsche-Konstruktionsbüro zahlreiche weitere Entwicklungsaufträge aus der Kraftfahrzeugindustrie. Für die Daimler-Benz AG wurde beispielsweise der Typ 80 genannte Hochgeschwindigkeits-Rekordwagen mit 3.500 PS konstruiert. Der im Auftrag der „Deutschen Arbeitsfront“ (DAF) entwickelte landwirtschaftliche Klein-Schlepper Typ 110 mit luftgekühltem Zweizylindermotor wurde zur Grundlage des späteren „Volkstraktors“ und die nach dem Zweiten Weltkrieg produzierten Porsche-Diesel-Schlepper. Für das Langstreckenrennen Berlin – Rom entstand ab 1938 der Typ 64, der als Urahn aller späteren Porsche-Sportwagen gilt. Auf dem Volkswagen Typ 60 basierend, erhoffte man sich durch eine Rennteilnahme des Typ 64 einen Werbeeffekt für den Verkauf des inzwischen in „KdF-Wagen“ umbenannten Volkswagens.

1939 waren drei Rennsport-Coupés mit Stromlinienkarosserie aus Aluminium sowie einem modifizierten VW-Boxermotor fertiggestellt worden, doch die für September 1939 geplante Berlin-Rom-Fahrt wurde kriegsbedingt abgesagt. Nach dem Ausbruch des Zweiten Weltkrieges wurden auf Basis des Volkswagens weitere Fahrzeugtypen entworfen, die zur militärischen Nutzung vorgesehen waren. Neben Entwicklungen wie dem „VW-Kübelwagen“ und „VW-Schwimmwagen“ zählte ebenso die Konstruktion von Panzerfahrzeugen zu den Aufgaben der Porsche-Techniker. Nach Kriegsende bemühte sich das 1944 ins österreichische Gmünd/Kärnten umgesiedelte Konstruktionsbüro um neue Kunden auf dem Automobilsektor. Im Jahr 1946 erteilte die italienische Firma Cisitalia den Auftrag zur Konstruktion eines allradangetriebenen Grand-Prix-Rennwagens.

Zur gleichen Zeit begannen die Konstruktionsarbeiten am ersten Typ 356, der als Roadster im Juni 1948 fertiggestellt war und den Anfang der Sportwagenherstellung bei Porsche markiert. Die Produktion der Coupé- und Cabriolet-Versionen des Typ 356/2 lief noch in der zweiten Jahreshälfte 1948 an und bis 1950 waren in Gmünd 52 Exemplare in Handarbeit entstanden.

Nach der Rückkehr nach Stuttgart begann 1950 die serienmäßige Produktion des Porsche 356 in einer angemieteten Halle der Karosseriewerke Reutter, und bereits zehn Jahre nach Premiere des ersten 356 hatten über 25.000 Porsche-Sportwagen das Zuffenhausener Werk verlassen; bis zur endgültigen Produktionseinstellung im Jahr 1965 sollten es sogar 78.000 Automobile werden. Zum wichtigsten Absatzmarkt für Porsche entwickelten sich die USA. Auf Initiative des amerikanischen Automobilimporteurs Maximilian E. Hoffman wurden bereits 1950 die ersten Porsche-Sportwagen nach Amerika importiert. Bereits Mitte der Fünfziger Jahre wurde die Hälfte der Jahresproduktion in den USA verkauft.

Das Nachfolgemodell des 356, der von Ferry Porsches Sohn Ferdinand Alexander entworfene Porsche 911, verhalf dem Unternehmen endgültig zum Durchbruch als einem der technisch und stilistisch führenden Sportwagenhersteller der Welt. Das erste serienreife Fahrzeug wurde im Oktober 1963 (noch unter der Bezeichnung Typ 901) auf der Frankfurter IAA präsentiert. Den bisherigen Vierzylindermotor des 356 löste ein sehr entwicklungsfähiger, luftgekühlter Sechszylinder ab, der den Wagen mit anfänglich zwei Litern Hubraum und 130 PS Leistung auf 210 Kilometer pro Stunde beschleunigte. In der inzwischen achten Generation wurde der Porsche 911 seit dem technisch und stilistisch beständig weiterentwickelt, sodass bis heute mehr als 800.000 Einheiten der Sportwagen-Ikone produziert wurden.

Als Sportwagenmodell unterhalb des 911 wurde 1969 der in Kooperation mit Volkswagen vertriebene VW-Porsche 914 vorgestellt, dem 1976 der ursprünglich für das Volkswagen-Modellprogramm entwickelte Porsche 924 folgte. Die Konzeption des 924 mit seiner Transaxle-Bauweise und dem Vierzylinder-Frontmotor führten die Nachfolgemodelle 944 und 968 bis ins Jahr 1995 weiter. Als luxuriösen Reisesportwagen stellte Porsche im Jahr 1977 den 928 vor. Neben einem V8-Leichtmetallmotor und dem Aluminiumfahrwerk mit der spurkorrigierenden „Weissach-Hinterachse“ ging Porsche beim 928 auch bei der Karosserieform neue Wege, sodass der 928 im Jahr 1978 als erster Sportwagen mit dem Prädikat „Auto des Jahres“ ausgezeichnet wurde.

Die gegen Ende der 1980er Jahre im Zuge einer weltweiten Konjunkturschwäche nachlassenden Absatzzahlen resultierten für das mittelständische Unternehmen Porsche in einer wirtschaftlichen Krisensituation, deren Talsohle 1992 erreicht war. Die Porsche AG galt bereits als Übernahmekandidat, als ein umfangreiches Maßnahmenprogramm aufgelegt wurde. Unter dem Oberbegriff „Lean Management“ wurden neue Organisations- und Produktionsabläufe eingeführt sowie sämtliche Hierarchie- und Prozessebenen grundlegend verändert. Die internen Anstrengungen zur Produktivitätsverbesserung sowie die im Modellprogramm eingeführten Neuerungen zeigten schließlich Wirkung und so konnte das Stuttgarter Unternehmen 1995 den wirtschaftlichen Turnaround erzielen.

Im Roadster-Marktsegment führte Porsche 1996 mit dem zweisitzigen Boxster eine neue Baureihe ein, die im Jahr 2005 durch das Mittelmotor-Coupé Cayman ergänzt wurde. Gänzlich neue Wege beschritt Porsche 2002 mit dem geländegängigen Mehrzweckfahrzeug Cayenne: Der in Kooperation mit Volkswagen unter der Entwicklungsführerschaft Porsches konstruierte Geländewagen wurde 2007 in einer zweiten Generation vorgestellt.

Ein weiterer Meilenstein des Porsche-Verkaufsprogramms stand im Jahr 2009 mit der Einführung des Porsche Panamera an, der als viertürige Sportlimousine das Porsche-Modellprogramm um eine vierte Baureihe erweitert. Mit einer neuen Generation des 911, intern 991 genannt, führt Porsche ab dem Frühjahr 2012 die Sportwagen-Ikone in die Zukunft. Intensiven Fahrspaß bietet der viertürige Kompakt-SUV Macan seit dem Jahresbeginn 2014. Zeitgleich begann in Zuffenhausen die Produktion des Supersportwagens 918 Spyder, der mit einer Systemleistung von 887 PS und einem NEFZ-Verbrauch von 3,1 Liter neue Rekorde verzeichnet.

Doch das „Ende der Geschichte“ ist bei Porsche jedoch noch lange nicht erreicht. Den Herausforderungen der Zukunft begegnet Porsche mit dem gleichen Innovationsgeist, der das Unternehmen in den letzten sechs Dekaden groß gemacht hat. Der wichtigste Erfolgsgarant für Porsche ist jedoch der Faktor Mensch: Kunden, Fans und Mitarbeiter verbindet bei Porsche eine besondere Leidenschaft: Die Liebe zum Automobil – eine Antriebskraft, die auch zukünftig stärker als alle Motoren sein wird – egal ob Benzin-, Hybrid- oder Elektroantrieb.

ALWAYS BEAUTIFUL

ÜBER DEN AUTOR Als sein erster Sohn Niklas zwei Jahre alt war, holte Christian Blanck (Jahrgang 1975) seine alte Kamera wieder aus der Schublade. Blancks Faible für Fotografie und alte Autos hatte er schon früh entdeckt. Erst in der Schule, sein erstes Auto war ein drei Jahre älterer orangener VW Käfer von 1972 für knapp 2.000 Mark, später bei der Marine und auf der Universität war die Kamera immer mit dabei.

Mit mehr Aufgaben im Job und zu Hause in Stuttgart blieb dem inzwischen zweifachen Papa kaum mehr Zeit für das geliebte Hobby. Als Strategieberater, Produkt- und Kampagnenentwickler für unterschiedlichste Marken sowie Musikmanager hat er aber nie den Bezug zur Fotografie verloren. „Würde ich mich noch einmal neu orientieren, würde ich eine Ausbildung zum Fotografen machen", sagt er heute.

Mit „Kinderzimmerhelden. Das Porsche Buch." liegt nun, in Zusammenarbeit mit dem Porsche Museum, sein zweites Werk vor. Auch den Helden aus Zuffenhausen fehlt eine Tür, die Farbe blättert ab, sie haben Beulen, sind verkratzt und überhaupt kaputt – egal. Held bleibt Held, und Makel liebt Christian Blanck als Motiv-highlight.

„Kinderzimmerhelden von damals wurden geliebt, gegen große und auch kleine Brüder verteidigt. Sie waren oft der erste große Besitz, sie erzählen Geschichten, die wir alle im Kinderzimmer erlebt haben können", sagt Blanck. Zusammen mit seinem ersten Sohn erfand Blanck die Kinderzimmerhelden im Stuttgarter Wohnzimmer.

Sohn Nummer Zwei, Henri (bei Redaktionsschluss drei Jahre alt), stapelt ebenfalls mit Hingabe seine ersten eigenen Porsche aufeinander. Diese sowie die neuesten Helden von Niklas (6) wurden für dieses Buch weiter festgehalten – und man darf gespannt sein auf die Fortsetzung 3 …

1.000 Dank an alle, die ebenfalls alte und neue Kinderzimmerhelden auf dem Dachboden, im Keller, in der Sandkiste, im Garten, auf Spielplätzen und wo sonst noch entdeckt haben: Jacob (9), Niklas (6), Henri (3), Martin (46), Felix (38), Imro (71), Erik (3), Björn (40), Hanna (5), Ron (40), Ruben (7), Markus (42), Jens (46), Nils (40), Konstantin (3), Stefan (51), Lola (6), Julian (4), Dan (46), Maximilian (30), Jonathan Bela (0,75) und Hans-Jürgen (75).

1.000 Dank auch an die vielen Ratgeber und Unterstützer: Nele, Tom, Felix, Francesco, Koray, Stéphane, Steffi, Holger, Britta, Jörg sowie Jörg & Jens aus dem Porsche Museum, Sebastian, Wolfgang, Marcus, Bernhard und das ganze Edition Panorama-Team.

Nicht zuletzt DANKE! DANKE! DANKE! an all die tollen Spielzeug-Autohersteller aus Deutschland, England, Frankreich, Italien, Japan, den USA, die in den letzten 60 Jahren unsere Helden ins Kinderzimmer gebracht haben. Ohne Euch wären unsere Stunden zwischen Rennstrecke und Parkplatz definitiv leiser gewesen.

Konzept: Christian Blanck und Edition Panorama
Design: Marcus Bela Schmitt, Edition Panorama
Litho: Bernd Fix, FixArt Bild und Design
Illustrationen: Designbüro Waldpark | Christopher Vazansky und Thorsten Schmidt
Lektorat: Thomas Lötz, Christel Ferino und Wolfgang Roth (Edition Panorama), Jens Torner und Jörg Thilow (Dr. Ing. h.c. F. Porsche AG)
Druck und Bindung: Kösel GmbH & Co.KG, Altusried-Krugzell

Edition Panorama GmbH | G 7, 14 | D–68159 Mannheim

www.kinderzimmerhelden.net
www.porsche.com/museum
www.editionpanorama.com

EDITION PORSCHE MUSEUM

A production by EDITION**PANORAMA**

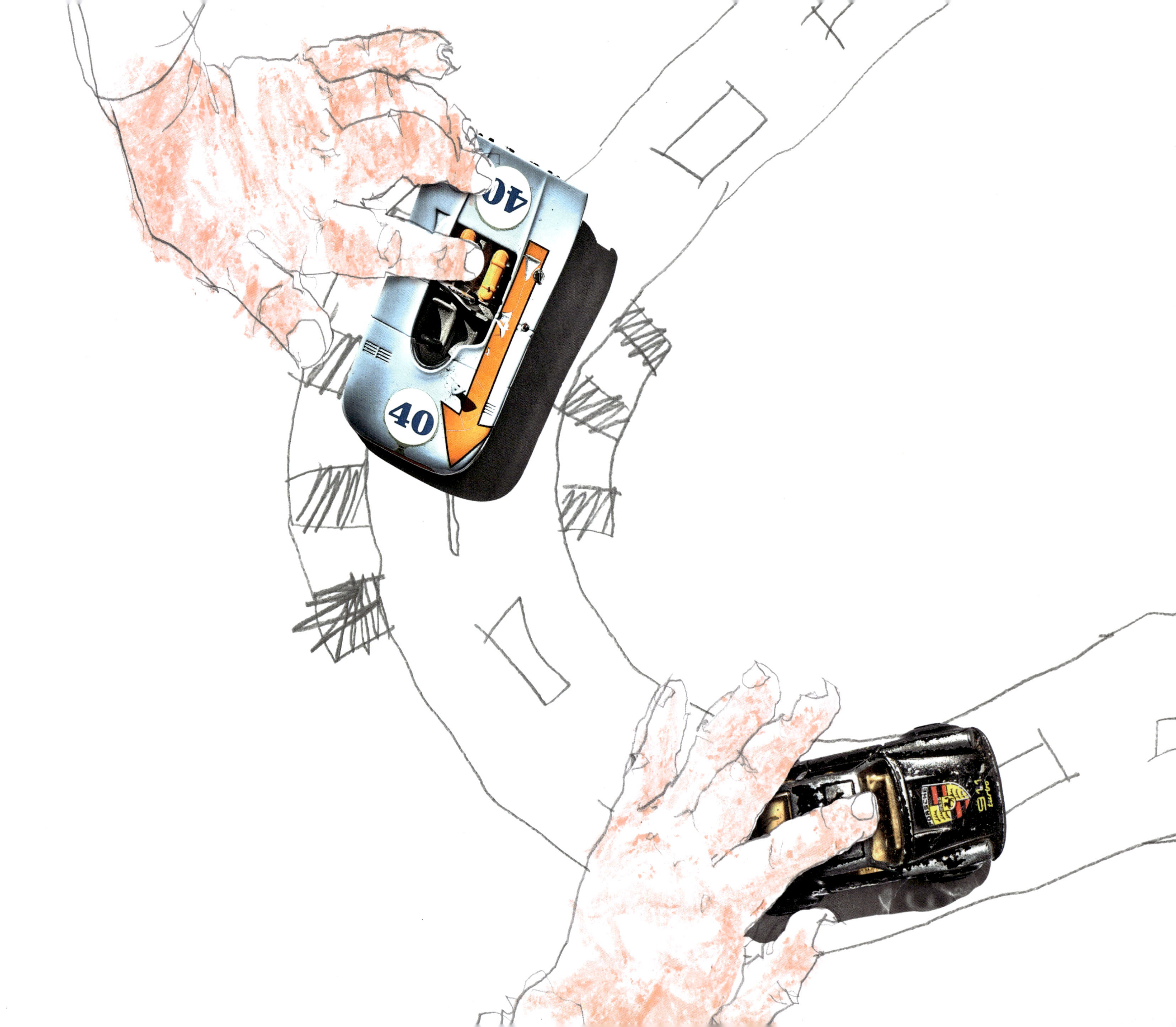
40
40